ドライバー実践マニュアル

事故をなくす気づきと習慣

東京海上日動リスクコンサルティング(株) **北村 憲康** 監修

「運転操作の先行」

安全確認のための減速

自転車の二段階追越し

ハンズフリー通話のリスク

「危険を見つける」運転

「安全確認の省略」

中央労働災害防止協会

はじめに

　警察庁の統計によると、交通事故件数そのものは年々減少していますが、今なお多くの死傷事故が発生しており、さらにシニアドライバーの増加やスポーツ自転車の普及など交通環境も変化している中で、業務で自動車を使用する企業・ドライバーにとって、交通事故防止対策は重要な課題となっています。

　本書は、ルートセールスの営業社員、マイカー通勤者など、広く業務に関連して運転を行う方々に向けて安全運転のためのポイントを解説したものです。

　交通事故はさまざまな場面・原因で発生しますが、交通環境・事故形態・事故を起こした車の運転行動などから、事故はいくつかの典型的なパターンに分けることができます。本書では、頻出事故パターンごとに、ドライバー自身が心掛けるべき安全運転習慣と、それを身につけるための実践のポイントを解説しました。

　日々の運転を安全に行うためのマニュアルとしてご活用ください。

―第2章〔頻出事故パターンと対策〕の読み方―

もくじ

第1章 交通事故の発生状況	今なお多くの交通事故が ……………………………… 4
	変化する交通環境 ………………………………………… 5

第2章 頻出事故パターンと安全運転のポイント	運転者の心得 ………………………………………………… 6
	安全運転習慣の基礎① 正しい運転姿勢の維持 …………… 8
	安全運転習慣の基礎② 速度変化の小さい「定」速運転 …… 9
	頻出事故パターンと対策①
	【バック事故】バックギアを入れる前の指差し確認 ……… 10
	頻出事故パターンと対策②
	【バック事故】駐車スペース半分での一時停止と安全確認 … 12
	頻出事故パターンと対策③
	【赤信号停止・追突事故】サイドブレーキの活用 ………… 14
	頻出事故パターンと対策④
	【相手車優先・交差点事故】二段階停止と安全確認 ……… 16
	頻出事故パターンと対策⑤
	【自車優先・交差点事故】アクセルから足を離すこと …… 18
	頻出事故パターンと対策⑥
	【右折事故】ショートカットではなく回るような右折 …… 20
	頻出事故パターンと対策⑦
	【左折事故】左寄せと二段階左折 ………………………… 24
	頻出事故パターンと対策⑧
	【進路変更】操作先行を防ぐ合図のタイミング …………… 26

第3章 ドライバーのリスク要因	①「ながら運転」／居眠り運転 …………………………… 28
	②「急ぎ・焦り運転」 ……………………………………… 29
	③新入社員の事故 …………………………………………… 31

第4章 セルフチェックでセルフケア	①運転適性どのタイプ？ …………………………………… 32
	②疲れをためていませんか？ ……………………………… 33
	③SASのセルフチェック …………………………………… 34
	④疲れたときのセルフケア ………………………………… 35

トピックス	自転車事故の原因と対策 …………………………………… 23
	シニアドライバーの事故を防ぐ …………………………… 36

※本書中の資料で「TRC調べ」としているものは東京海上日動リスクコンサルティング㈱によるものです。

第1章
交通事故の発生状況

今なお多くの交通事故が

　警察庁の統計によると、わが国の交通事故は近年減少傾向にあり、交通事故死者数がピークとなった1970年には1万6,765人であったものが、2011年には4,663人（1日の死者約13人）となっています。2011年の交通事故発生件数は69万2,056件、負傷者数は85万4,610人で、こちらも減少傾向にあるものの、日々、多くの事故や負傷者が発生しています。

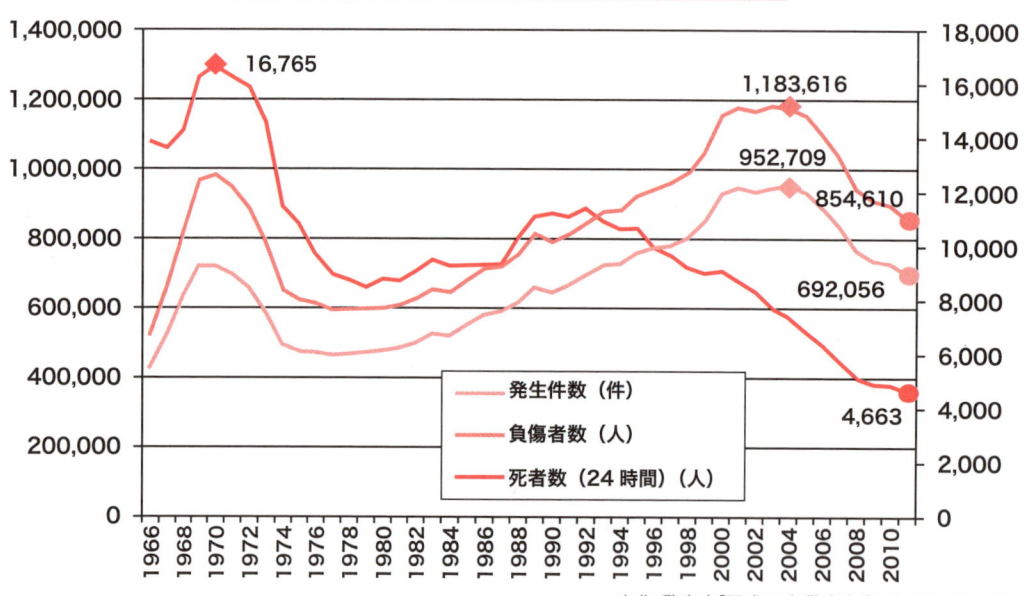

交通事故による交通事故発生件数、死者数および負傷者数

出典：警察庁「平成24年警察白書」統計資料より作成

業務中・通勤中の死亡事故の推移（単位：人）

年	業務中・通勤中の死亡事故	全交通死亡事故
2002	2,004	8,326
2003	1,975	7,702
2004	1,849	7,358
2005	1,694	6,871
2006	1,693	6,352
2007	1,617	5,744
2008	1,518	5,155
2009	1,368	4,914
2010	1,437	4,863
2011	1,402	4,612

　交通事故全体が減少する一方、業務中や通勤中の事故の減少は鈍く、交通死亡事故全体では2002年の8,326人から2011年の4,612人で減少率44.6％に対し、業務中・通勤中は2002年で2,004人が2011年で1,402人、減少率30.0％にとどまっています。乗用車でルートセールスを行う営業社員、マイカー通勤のドライバーなど、業務上の運転や通勤時の交通事故防止対策は非常に重要といえます。

出典：(財)全日本交通安全協会発行「人と車」
2012年6月号より一部加工して引用※数値は公表当時のもの

変化する交通環境

● 自転車利用者の増加と事故【P.23 トピックス参照】

　2011年中の自転車関連事故は約14万件で全交通事故の20.8%を占め、図のように自転車の死亡事故は交通事故全体の約13%、重傷事故は約20%と高い水準にあります。また、事故の原因として自転車側が法令違反を起こした割合は64.9%と高く、イヤホンで音楽を聴いていた、携帯電話を操作していた、車道を逆走していた等のケースも多く、ドライバーは自転車の挙動に十分注意する必要があります。

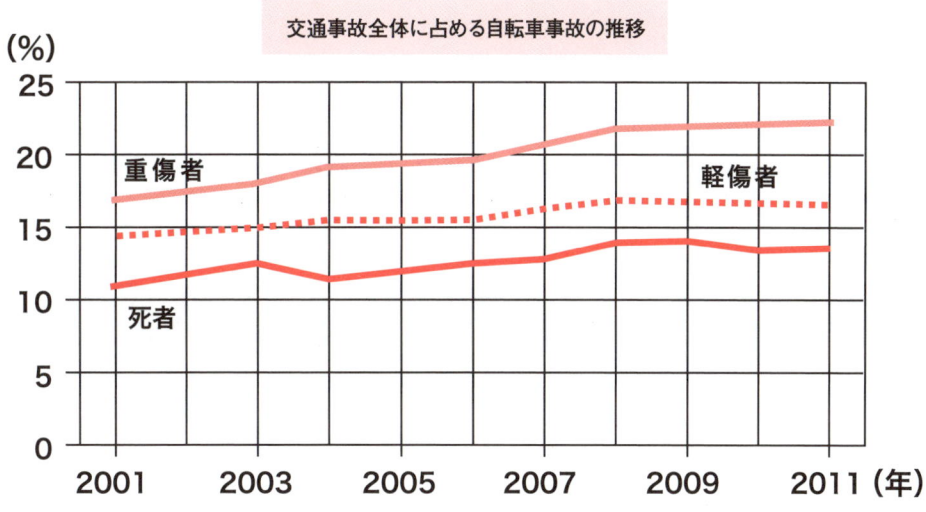

交通事故全体に占める自転車事故の推移

出典:警察庁交通局「平成23年中の交通事故の発生状況」

● シニアドライバーの急増と事故【P.36 トピックス参照】

　ドライバーの高齢化が進んでおり、2011年の高年齢者(65歳以上)の運転免許保有率は4割強ですが、10年後には約7割強、20年後は約9割と急速に増加することが見込まれています。シニアドライバーの事故も増加しており、今後も交通事故の大幅な増加が懸念されます。

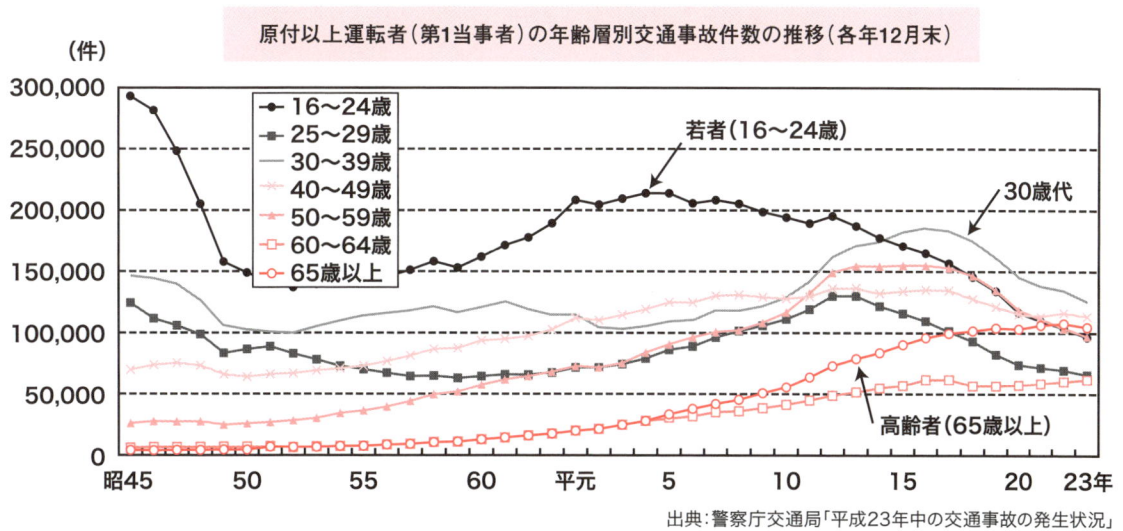

原付以上運転者(第1当事者)の年齢層別交通事故件数の推移(各年12月末)

出典:警察庁交通局「平成23年中の交通事故の発生状況」

第2章
頻出事故パターンと安全運転のポイント

運転者の心得

■ドライバーの10の安全運転習慣

　交通事故には典型的なパターンがあり、頻出するパターンへの対策を考えておけば多くの事故をカバーすることができます。本章では、どのような交通環境でも共通してドライバーが守るべき「安全運転習慣の基礎」2項目、そして基礎を踏まえた上で頻出事故パターンが発生する交通環境ごとのポイント「頻出事故パターンと対策」8項目、計10項目の安全運転習慣を解説します。

　「安全運転習慣の基礎」は十分に危険を発見できる状態をつくるための習慣であり、「頻出事故パターンと対策」はさまざまな安全確認や運転操作を短時間で一気に行わないようにすることにより、一つ一つを確実に行う状態をつくるための習慣です。

ドライバーの10の安全運転習慣	
安全運転習慣の基礎	①正しい運転姿勢の維持・・・・・・・・・・・・・・・・・・・・・・・・・・・・・・・・・・・・・8 ②速度変化の小さい「定」速運転・・・・・・・・・・・・・・・・・・・・・・・・・・・・9
頻出事故パターンと対策	①【バック】バックギアを入れる前の指差し確認・・・・・・・・・・・・・・・・10 ②【バック】駐車スペース半分での一時停止と安全確認・・・・・・・・・・・12 ③【赤信号停止】サイドブレーキの活用・・・・・・・・・・・・・・・・・・・・・14 ④【相手車優先・交差点】二段階停止と安全確認・・・・・・・・・・・・・・・16 ⑤【自車優先・交差点】アクセルから足を離すこと・・・・・・・・・・・・・・18 ⑥【右折】ショートカットではなく回るような右折・・・・・・・・・・・・・・20 ⑦【左折】左寄せと二段階左折・・・・・・・・・・・・・・・・・・・・・・・・・・・24 ⑧【進路変更】操作先行を防ぐ合図のタイミング・・・・・・・・・・・・・・・26

■「安全確認の省略」と「運転操作の先行」が事故を呼ぶ

　頻出事故パターンを分析すると共通の事故原因があることが分かります。それが「安全確認の省略」「運転操作の先行（操作先行）」という不安全行動です。「安全確認の省略」は、ある交通環境での一連の運転動作の中で、必要な安全確認を省略してしまうことを指します。

　また「操作先行」は、安全確認が完了する前に運転操作を開始している状態、また形式的に安全確認を行っていても、本来のタイミングより遅れているため、実質的に安全確認が行えていない状態です。

あるべき姿	安全確認	運転操作（ハンドル・アクセル）		安全
安全確認の省略	安全確認	運転操作（ハンドル・アクセル）		危険
運転操作の先行	運転操作（ハンドル・アクセル） 安全確認			

あるべき姿、安全確認の省略、運転操作の先行（略称→操作先行）

まず「安全確認」次に「運転操作」があるべき姿であるが、「安全確認の省略」は安全確認は行っているが不十分なまま運転操作が行われ、「運転操作の先行」では安全確認と運転操作が同時になって（または運転操作が先行して）しまっている。

■安全運転習慣形成の意識づけ

よく起こりがちな「安全確認の省略」「運転操作の先行」の行動は交通環境ごとに異なるため、事故防止のためには、頻出事故パターンごとに注意すべき不安全行動を理解し、安全運転習慣を身につけることが大切です。

頻出事故パターンごとに、それを防ぐために身につけるべき安全運転習慣をまとめると、下表のようになります。

たとえば、表の「交差点右折時の接触事故」（P.20「頻出事故パターンと対策⑥」に該当）について●印の付いている項目を見ると、安全運転習慣の基礎として「正しい運転姿勢の維持」「速度変化の小さい「定」速運転」、頻出事故パターンへの対策として「ショートカットではなく回るような右折」、計3つの安全運転習慣を心掛けることが有効であると分かります。

さまざまな交通環境に適応できるよう、これらのポイントをしっかり身につけましょう。

P.10以降の①～⑧の頻出事故パターンの末尾には、それぞれ安全運転習慣として実践することとして下表に対応するポイントをまとめています。

頻出事故と安全運転習慣の相関		駐車場・構内でのバック事故	信号のない交差点通過時の出会い頭事故	一般道直進時の接触事故	信号がある交差点での追突事故	交差点右折時の接触事故	交差点左折時の接触事故
安全運転習慣の基礎	正しい運転姿勢の維持	●	●	●	●	●	●
	速度変化の小さい「定」速運転		●	●	●	●	●
頻出事故環境下での安全運転習慣（P10～「頻出事故パターンと対策」に対応）	バックギアを入れる前の指差し確認	●					
	駐車スペース半分での一時停止と安全確認	●					
	サイドブレーキの活用				●		
	二段階停止と安全確認		●				
	アクセルから足を離すこと		●				
	ショートカットではなく回るような右折					●	
	左寄せと二段階左折						●
	操作先行を防ぐ合図のタイミング	運転時に行うことが多い行動					

安全運転習慣の基礎 ① 正しい運転姿勢の維持

■正しい運転姿勢で視野を確保

　危険を認知するのに十分な視野を確保することが必要で、また緊急時にブレーキやハンドル操作をすばやく適切に行うには、正しい運転姿勢を維持することが大切です。前かがみが癖になっているドライバーは多いものですが、この場合視野が前方に集中して危険を見落としたり発見が遅れてしまいます。
　正しい姿勢とは以下のとおりです。

①両肩がシートについている
②シートと腰の間に隙間がない
③ブレーキを踏んだときに脚が伸びきらない
④ハンドルを回したときに腕が伸びきらない

■運転前～運転後までの習慣化

　運転前、運転中、運転後にそれぞれ次のことを意識して行うことが、正しい運転姿勢を維持することにつながります。

〔運転前〕正しい運転姿勢をつくる

　上記のように、①肩、②腰、③膝、④肘を正しい姿勢にします。
　運転前にルームミラー・サイドミラーを合わせていても、そのときに正しい姿勢で調整しないと必要な視野が確保できません。
　「ミラー調整は正しい姿勢で」と意識しましょう。

〔運転中〕走行中２００ｍごとにルームミラーを見る

　運転前に姿勢を正しても、運転を続けていると姿勢は次第に崩れがちです。運転前に正しい姿勢で合わせたルームミラーを、走行中に２００ｍに１回程度見ることで、姿勢が崩れていないかチェックできます。

〔運転後〕降車時にシートを一番後ろに下げる

　１日の最後の運転が終了した時にはシートを一番後ろに下げて降車しましょう。こうすることで、次の乗車時には必然的に最初からシートを調整する動作をすることになり、運転前に正しい運転姿勢をつくるという意識と習慣が形成されます。

安全運転習慣の基礎 ❷ 速度変化の小さい「定」速運転

■急加速・急ブレーキに注意

「低」速ならぬ「定」速運転とは速度変化の小さい運転を心掛けることです。

速度変化の大きな運転とは急加速・急ブレーキなどで、このような操作をすると安全確認のための時間が短くなり、その分、危険を認知しづらくなります。

それを防ぐ具体的目安は、<u>1秒間の速度変化が5km/hを超えないようにすること</u>です。この目安によれば、例えば交差点で発進する場合、巡航状態、つまり発進から安定速度（40km/hとする）に達するまでに約8秒かけることになります。多くのドライバーはこの半分程度の時間で加速しているため、安全確認にかけられる時間もその分短くなるのです。

■速度差が生じるポイント

道路には速度変化が大きくなりやすい箇所があります。

最も注意したいのが信号付近と信号の変わり目です。ドライブレコーダを分析した結果、下図のように「急アクセル」「急ブレーキ」「急ハンドル」といった速度変化を生じる操作は、交差点で頻出しています。

また交差点以外を走行しているときに注意すべきなのは、渋滞場面です。前方の渋滞が解消して前車との車間があいた場合、急加速で間を詰めるという行動をとりがちですが、これも自ら危険を招く行動です。

前述の基準を目安に、「速度変化を小さく」と心掛けましょう。

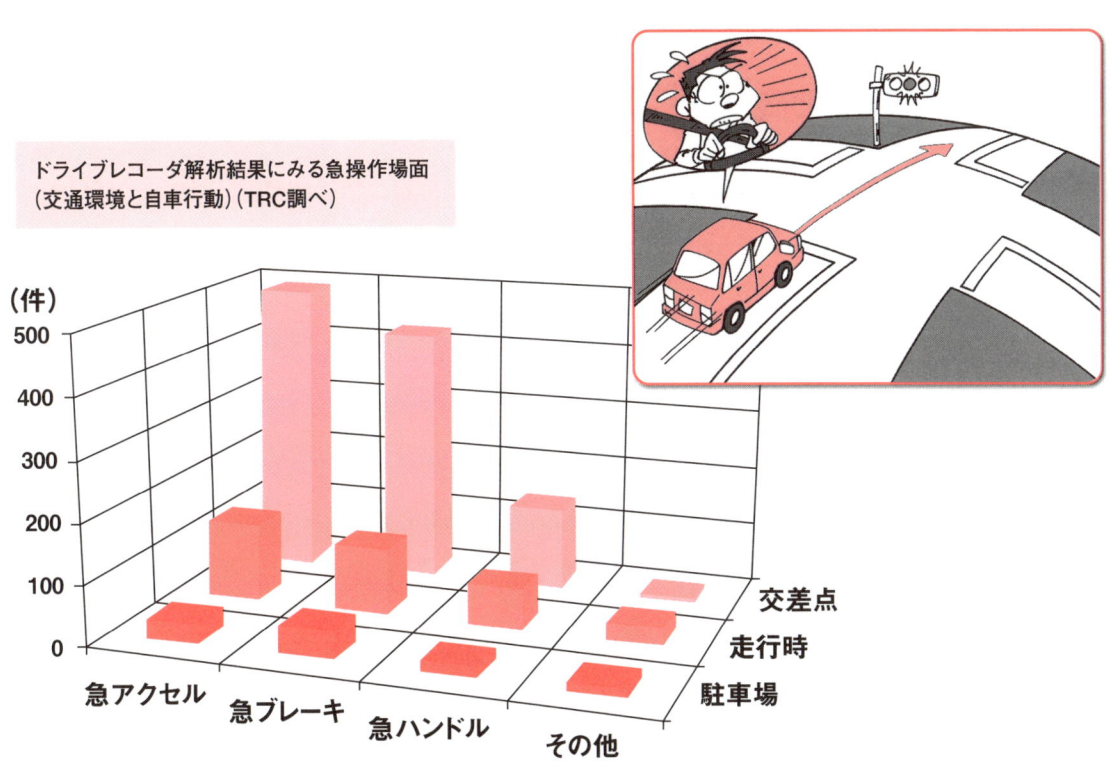

ドライブレコーダ解析結果にみる急操作場面
（交通環境と自車行動）（TRC調べ）

頻出事故パターンと対策 ❶

【バック事故】
バックギアを入れる前の指差し確認

 バックギア操作の先行

 ## 事故発生状況

バック事故は最も頻出する事故パターンで、自動車事故全体の24％を占めています。なかでも、バック入庫（左図）の場合約7割が静止物との接触事故である一方、バック出庫（右図）では6割近くが車両との接触であり、事故の程度が大きくなる傾向にあります。

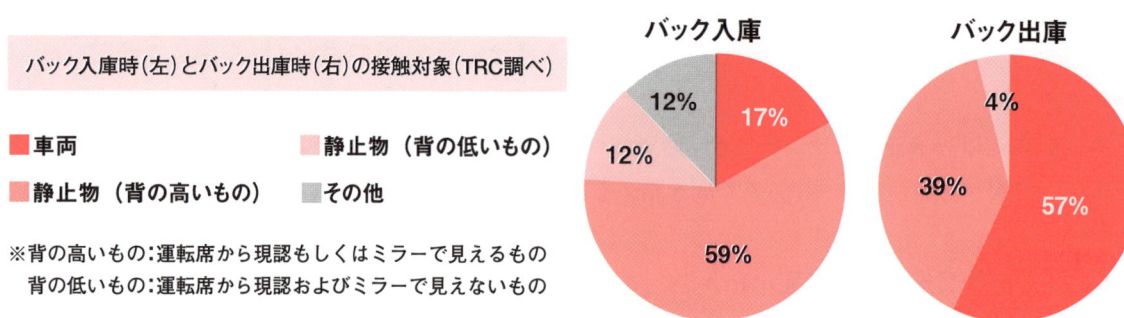

バック入庫時（左）とバック出庫時（右）の接触対象（TRC調べ）

- ■ 車両
- ■ 静止物（背の低いもの）
- ■ 静止物（背の高いもの）
- ■ その他

※背の高いもの：運転席から現認もしくはミラーで見えるもの
　背の低いもの：運転席から現認およびミラーで見えないもの

 **事故の頻出ポイント**　バックギア操作の先行

バック事故は、操舵感覚のミス（ハンドルが思ったよりも切れた等）や車両感覚のミス（曲がりながらバックをしたら思った以上に前方が膨らんだ等）といった運転技能面によるものは多くはありません。大半はバック開始前に周囲を確認していなかった、バックを始めてから周囲を確認したので障害物等の見落としがあったなど、「安全確認の省略」「操作先行」によって起こっています。

SAFE とるべき安全行動　バックギアを入れる前の指差し確認

操作先行を防ぐには、バッグギアを入れる前に安全確認を行うことが大切です。バックを開始する位置を決めたら、左から右へ周囲の現認（直接目視で確認すること）を行い、それから左→右→中の順番でミラーを使い指差し確認を行いましょう。

なお、この習慣によってリスクをカバーできるのは、バック開始から車がまっすぐになるまでです。その状態から最後の停止位置を決めるまでには、さらに安全確認が必要となります。これについては次項（頻出事故パターンと対策②）を参照してください。

 ## ここが危ない　バックギア操作の先行

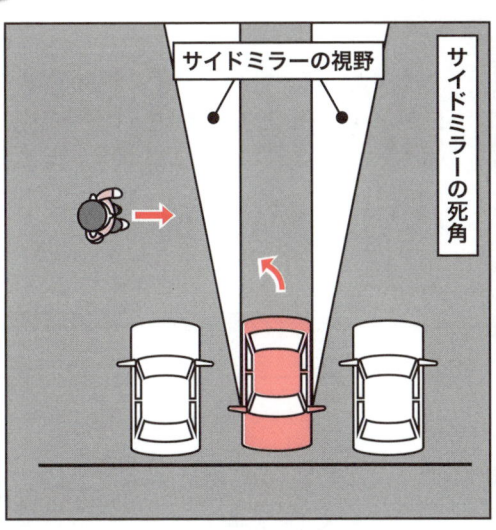

　サイドミラーのみの不十分な安全確認でバック出庫を開始（＝操作先行）したため、死角に入っていた歩行者に接触。このとき隣の車両により歩行者は現認の死角にも入っています。バック出庫であることも事故発生のリスクを高めます。

 ## こうして防ぐ　バックギアを入れる前の指差し確認

　バック事故を防ぐ第一の安全運転習慣は、右にまとめたようにバックギアを入れる前に止まった状態で現認による指差し確認を行うことです。

　ここでは、駐車スペースの奥行きと左右の障害物を確認し、隣に駐車している車があるときは距離感を把握します。また、ミラーで安全確認をする際には、ミラーで見ることができる範囲を把握しましょう。現認とミラーでは異なる範囲が見えるため、現認とミラーの視野のギャップを捉えることが重要で、このギャップが実感できれば「ミラーだけでバックする」「現認だけでバックする」ことが不十分だと分かります。

> 入庫時はバック入庫が原則、
> 確認・操作は以下の手順で行う
> ①左から右への周囲の現認
> ②ミラーを使い左・右・中の指差し確認
> ③バックギア操作

安全運転習慣として実践すること

①バックギアを入れる前の指差し確認
②正しい運転姿勢の維持
③駐車スペース半分での一時停止と安全確認（次項）

頻出事故パターンと対策 ❷

【バック事故】
駐車スペース半分での一時停止と安全確認

 「一気にバック」は操作先行に

 事故発生状況

白ナンバー営業車のバック事故では、約3割が車両の真後ろを接触しています。

駐車場への入庫の際など、最後の停止位置の確認に不備があり、調整に失敗して背後の壁や物に衝突したものと考えられます。

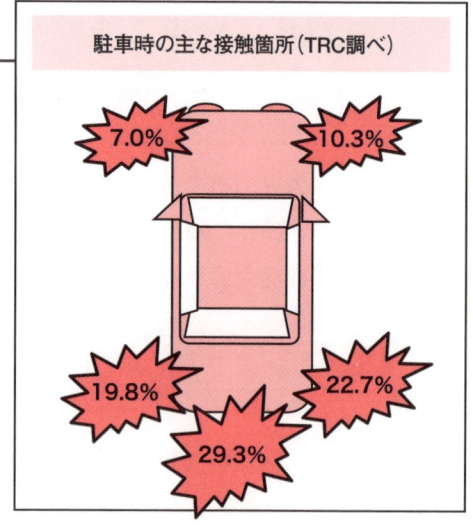

駐車時の主な接触箇所（TRC調べ）

7.0%　10.3%
19.8%　22.7%
29.3%

 **事故の頻出ポイント**　「一気にバック」は操作先行に

入庫のために曲がりながらバックしている間は注意しても、車がまっすぐになってからは車止めに向かって一気にバックする、という状況で事故が発生しがちです。

操作先行のヒューマンエラーは、バック開始時だけではなく、最後の調整段階においても生じうるという点を留意する必要があります。

また、経験の長いドライバーでも、右からバックする際、安全確認が左後方に集中してしまうといった不安全な運転癖がついていることがあります。バック時の安全確認は、操作先行を防ぐことだけでなく、車が曲がっている状態での左右確認に偏りがないことも大切です。

SAFE とるべき安全行動　駐車スペース半分での一時停止と安全確認

駐車のためのバック時にとるべき安全運転習慣は、前項の「バックギアを入れる前の指差し確認」に加え、「駐車スペース半分での一時停止と安全確認」です。駐車スペースの半分まで進んだところで一時停止を行い、そのうえで確実に駐車位置の確認を行ってからあらためてバック操作をすることで、こうした事故を防ぐことができます。

 ## ここが危ない 「一気にバック」は操作先行に

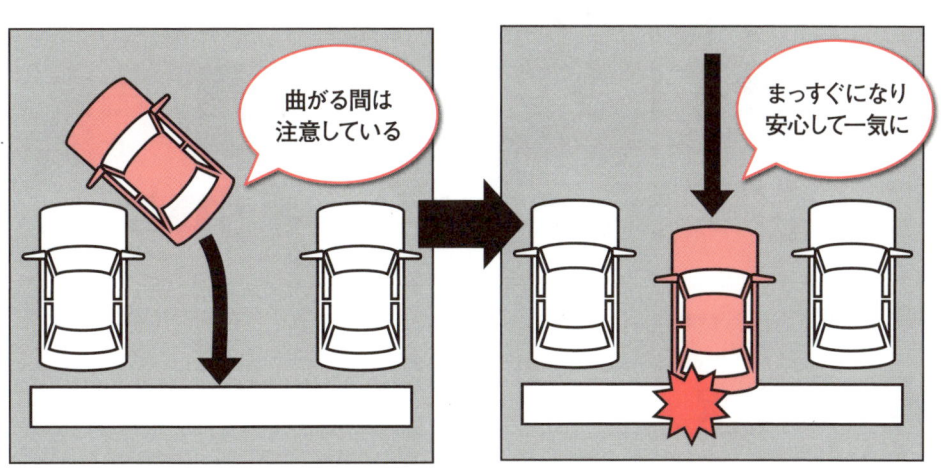

バックを開始するときには隣の車に接触しないように安全確認をしていても、まっすぐになると安心して一気にバックしてしまい、真後ろが後方の壁などに衝突してしまうことがあります。

○ こうして防ぐ　駐車スペース半分での一時停止と安全確認

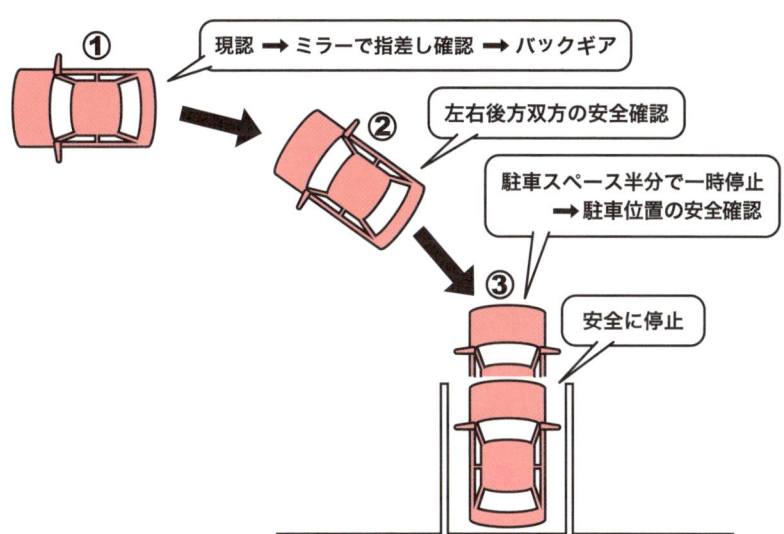

安全運転習慣として実践すること

 Check!

①駐車スペース半分での一時停止と安全確認
②バックギアを入れる前の指差し確認（前項）
③正しい運転姿勢の維持

頻出事故パターンと対策 ❸

【赤信号停止・追突事故】
サイドブレーキの活用

 気の緩みでブレーキも緩む

 ## 事故発生状況

信号のある交差点での追突事故は、青信号の通過時（黄信号への変わり目含む）と赤信号からの発進時がそれぞれ約4割を占めます。

本項では信号待機から発進時の対策を考えます。

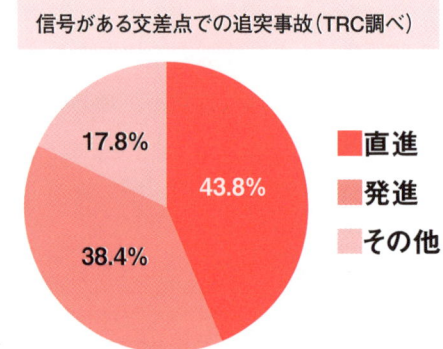

信号がある交差点での追突事故（TRC調べ）

- 直進 43.8%
- 発進 38.4%
- その他 17.8%

事故の頻出ポイント　気の緩みでブレーキも緩む

赤信号など停止時間が短いときは、停止中にサイドブレーキを引かずに、フットブレーキを踏んだだけになりやすいものです。

こうした場合、例えば助手席に置いた荷物を手に取ったり、携帯電話が鳴ったりして運転から注意がそれることでフットブレーキが緩むと、車が動き出して追突事故につながります。

フットブレーキを踏んだだけで停止している状態は、停止中であっても「操作中」ととらえるべきであり、その状態で運転以外のことに注意を向けるのは「ながら運転」「脇見運転」と同様に危険です。

 ### とるべき安全行動　サイドブレーキの活用

複数の動作の連続は注意が分散して危険です。信号待機時は、停止時間にかかわらずサイドブレーキを引くことを習慣づけることが必要です。

サイドブレーキを引くことにより、「フットブレーキを踏み続ける」「信号指示（色）の確認」「前車や交差点全体の安全確認」「発進」という動作の連続を断ち切ることができます。さらに、発進時にサイドブレーキを解除するという動作が加わることで発進のタイミングが遅れ、前車の動きを確認する時間の余裕が生まれるため、前車の急減速などによる追突事故の防止に有効です。

 ## ここが危ない　気の緩みでブレーキも緩む

● 信号待機中の事故事例

フットブレーキのみで停止中に助手席の資料を探していたところ注意がそれブレーキペダルから足が外れ、誤ってアクセルペダルを踏んで前方車両に追突（待機中の携帯電話の使用でも同様の事故が起きています）。

こうして防ぐ　サイドブレーキの活用

荷物や携帯電話はカゴに入れて後部座席に

停止時間にかかわらず必ずサイドブレーキを引きましょう。

「ながら運転」防止のため、携帯電話・荷物は手が届かない場所に。

携帯電話は着信が分かるようにしておき、「安全な場所に停止してから折り返す」ことを徹底すると確実です。

赤信号から発進する際の安全運転フロー

信号指示（色）の確認 → 前車の確認 → 交差点内全体の確認 → サイドブレーキを下げる → 発進

安全運転習慣として実践すること

① サイドブレーキの活用

② 正しい運転姿勢の維持

③ 速度変化の小さい「定」速運転

頻出事故パターンと安全運転のポイント　第1章　第2章　第3章　第4章

15

頻出事故パターンと対策 ❹

【相手車優先・交差点事故】
二段階停止と安全確認

 「不安全な成功体験」の蓄積

⚠ 事故発生状況

信号のない交差点での接触事故（年齢層別）

- ■ その他
- □ 優劣なし（同幅員）交差点
- ■ 相手車優先（狭路）
- ■ 相手車優先（センターライン無）
- ■ 相手車優先（一時停止有）
- ■ 自車優先（広路）
- ■ 自車優先（センターライン有）
- □ 相手車優先（一時停止無）

（TRC調べ）

信号のない交差点での接触事故、いわゆる"出合い頭事故"は、年代層によって傾向が出やすく、年齢層が上がるほど「相手車優先」の場面での事故の割合が増えています。

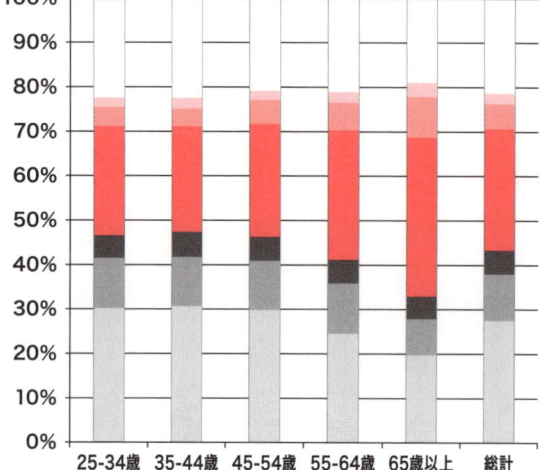

 事故の頻出ポイント　「不安全な成功体験」の蓄積

　相手車優先交差点での事故原因は、一時停止および安全確認の省略・不徹底です。安全確認をしなくても今まで事故にあわなかった、という「不安全な成功体験」が積み重なったため、こうしたリスクの高い癖がついたと考えられます。シニア層で割合が高いのは、加齢に伴う認知・判断力の低下も一因とみられますが、「不安全な成功体験」の蓄積も、認知・判断を遅らせる不安全行動の原因となります。

SAFE　とるべき安全行動　　二段階停止と安全確認

　交差点には複数の安全確認ポイントがあります。これらを進入口で一度に確認すると危険の見落としが生じる可能性が高まります。

　交差点進入前に停止線手前で一時停止し、左右を確認しながら徐行で進入口に進む。進入口で再度停止し、あらためて十分安全確認を行いましょう。

　こうした二段階停止を習慣化することにより、進入口で余裕をもって安全確認をするための準備ができきます。

ここが危ない　「不安全な成功体験」の蓄積

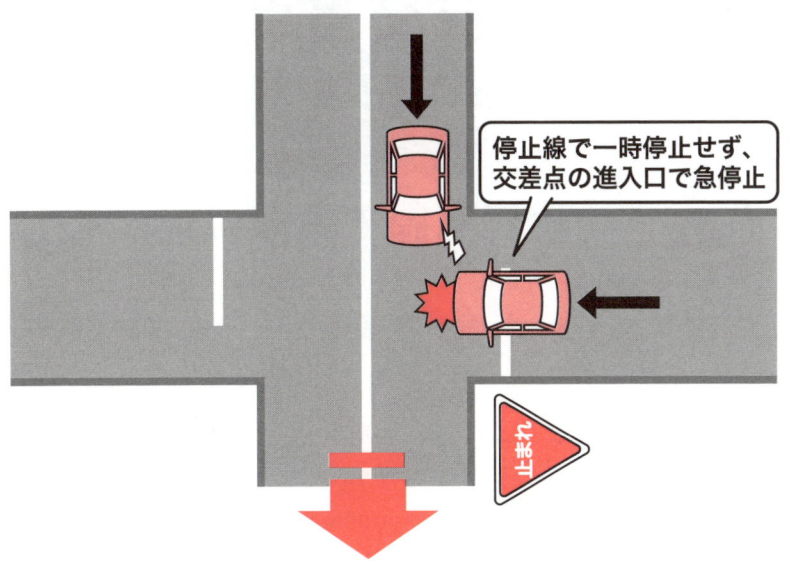

○ こうして防ぐ　二段階停止と安全確認

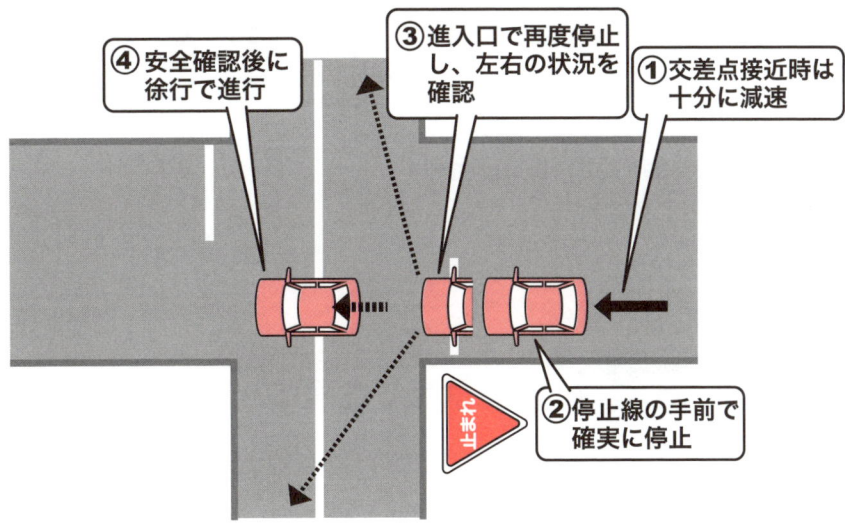

　停止線で停止しなくても危険がなかったという「不安全な成功体験」を積み重ねると「進入口で停止すれば十分」と考えがちに。事前に十分減速・確認せず進入口で初めて危険を認知した場合、判断と対応が遅れて事故につながります。

安全運転習慣として実践すること

①二段階停止と安全確認

②正しい運転姿勢の維持

③速度変化の小さい「定」速運転

頻出事故パターンと対策 ❺

【自車優先・交差点事故】
アクセルから足を離すこと

 優先意識で危険に無関心

⚠ 事故発生状況

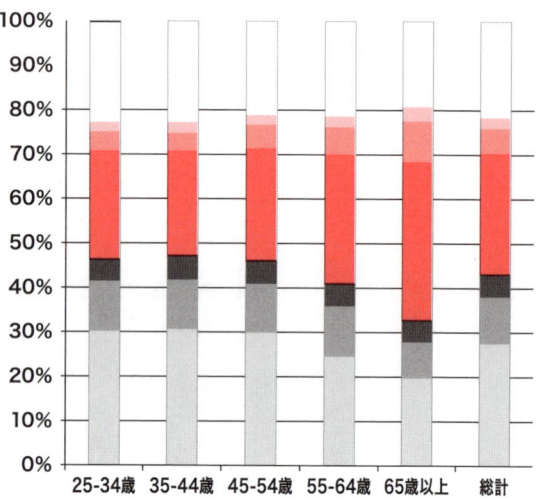

信号のない交差点での接触事故（年齢層別）

- ■ その他
- □ 優劣なし（同幅員）交差点
- ■ 相手車優先（狭路）
- ■ 相手車優先（センターライン無）
- ■ 相手車優先（一時停止有）
- ■ 自車優先（広路）
- ■ 自車優先（センターライン有）
- □ 相手車優先（一時停止無）

（TRC調べ）

信号のない交差点で相手車優先の事故は、前項のようにシニア層が高く、逆に自車優先の場合には若年層の割合が高くなっています。

 **事故の頻出ポイント**　優先意識で危険に無関心

　自車が優先道路での事故は、非優先道路側のドライバーによる「もらい事故」というケースが多く、相手の過失による事故のため対策のとりようがないと考えがちです。また自車が優先であるという意識からも、交差点を走行中、周囲の危険に積極的に注意を払わない傾向があります。
　しかし事故は実際に発生していることから、「自車優先だから注意は必要ない」という意識は禁物です。

 **とるべき安全行動**　アクセルから足を離すこと

　自車優先の交差点通過時は、万一危険があったときに減速して対処できるよう、「交差点への進入から通過までは加速をしない」ことが重要です。
　そのためには、交差点進入時はアクセルペダルから足を離し、いつでも停止できるようにブレーキペダルに足を乗せることが大切です。
　こうすることで、とっさの危険を回避できるだけでなく、危険への関心を持ち、積極的に左右の危険を見つけるという習慣づけができます。

 ## ここが危ない　優先意識で危険に無関心

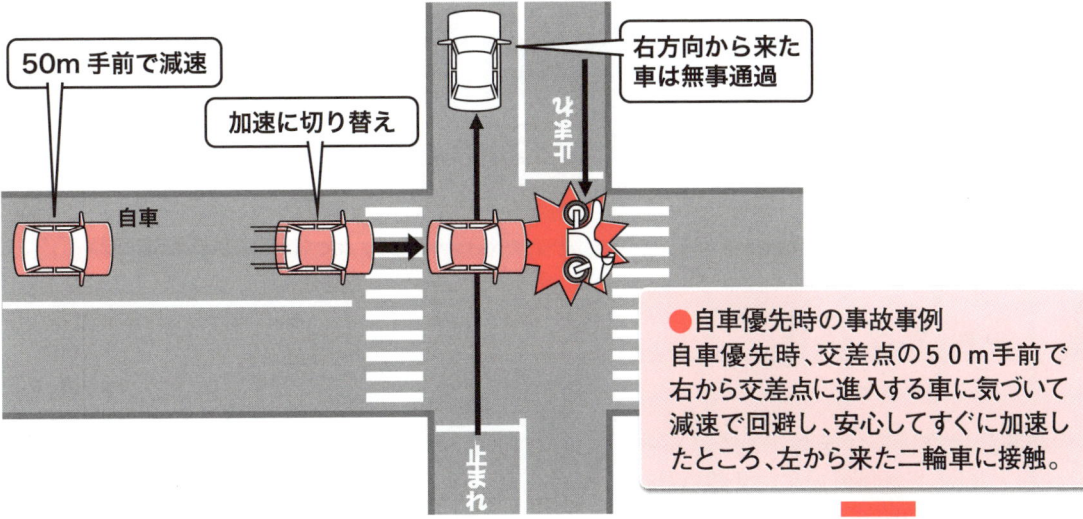

●自車優先時の事故事例
自車優先時、交差点の５０ｍ手前で右から交差点に進入する車に気づいて減速で回避し、安心してすぐに加速したところ、左から来た二輪車に接触。

◯ こうして防ぐ　アクセルから足を離すこと

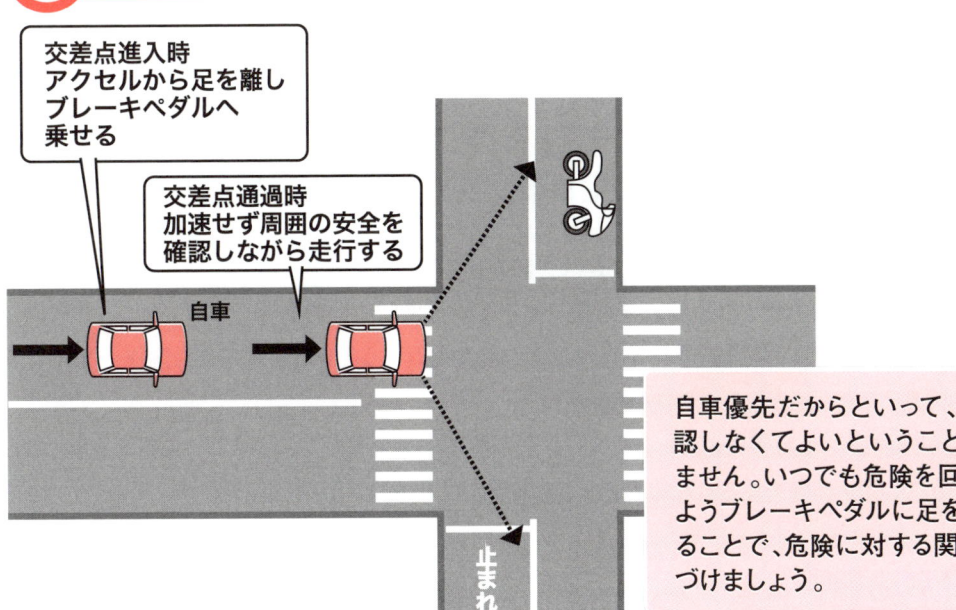

自車優先だからといって、安全を確認しなくてよいということではありません。いつでも危険を回避できるようブレーキペダルに足を乗せかえることで、危険に対する関心を意識づけましょう。

安全運転習慣として実践すること

①アクセルから足を離すこと

②正しい運転姿勢の維持

③速度変化の小さい「定」速運転

頻出事故パターンと対策 ❻

【右折事故】
ショートカットではなく回るような右折

 **死角が生じるショートカット右折**

 **事故発生状況**

右折事故は交通事故全体の約1割を占めます。その65％が信号のない交差点（十字路・T字路）であり、この場合に最も多いのは、非優先道路から右折した車が、優先道路を右から左に進行してきた車と衝突するケースで、信号のない交差点右折時の事故の約3割を占めています。

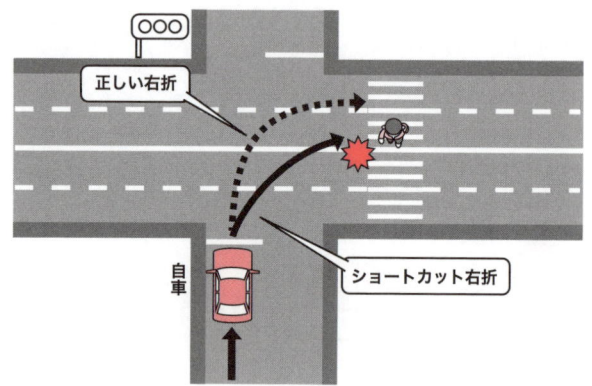

 **事故の頻出ポイント** 　死角が生じるショートカット右折

　右折は注意確認を行う箇所が多く、最も難しい運転操作の一つです。

　交差点で右折する場合、右折後の横断歩道を渡ろうとする歩行者については多くのドライバーが意識しています。また、十字路の場合は、非優先道路を直進して交差点を渡ろうとする対向車にも意識が集中していることも多いものです（P.21「ここが危ない」参照）。

　このように注意が対向車や歩行者に偏った状態で、安全確認不十分なまま交差点を早く抜けようとして小回りで右折することで、横断歩道を渡る自転車などと事故を起こすのが「ショートカット右折」の危険です。

SAFE　とるべき安全行動 　ショートカットではなく回るような右折

　この危険を回避するのが「回るような右折」であり、これを「二段階右折」でバランスのとれた安全確認をしながら行うよう意識づけることが大切です。右折後に第二車線（片側二車線道路の対向車線側の車線）に進入しようとするとショートカットとなりがちです。そこで、第一車線に合わせ、交差点の中心の直近の内側を通過します（ショートカット右折より大回りとなる）。ここで右折中にハンドルを半分程度回した状態で一旦ハンドルを止めてアクセルを離し、余裕を持って周囲を確認してから再度ハンドル操作を行います。回るような軌跡を描き、二段階で右折することで、安全確認のための時間を十分確保するとともに、偏り・集中を防ぐことができます。

 ## ここが危ない　死角が生じるショートカット右折

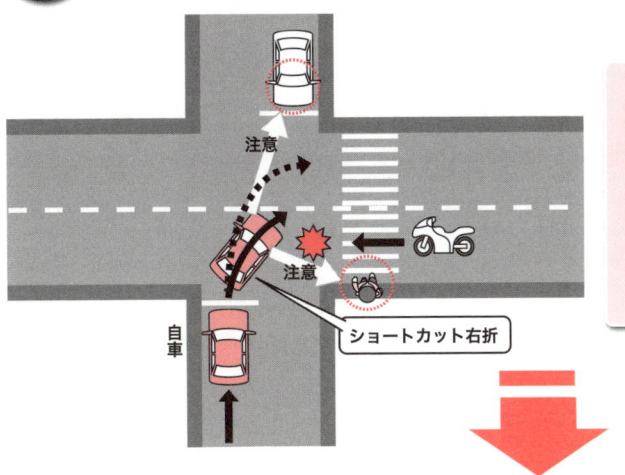

交差点の右折でも、特に信号のない交差点で非優先道路から優先道路への右折で事故が頻出しています。
右折開始後に横断歩道や対向車のみに注意が集中してしまい、優先道路直進車への注意を怠ることはきわめて危険です。

○ こうして防ぐ　ショートカットではなく回るような右折

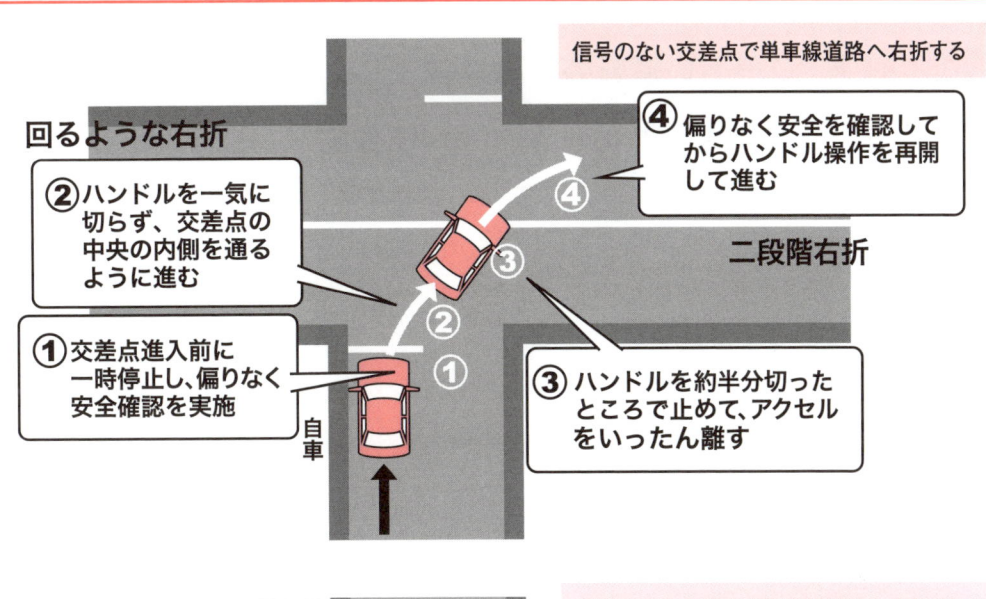

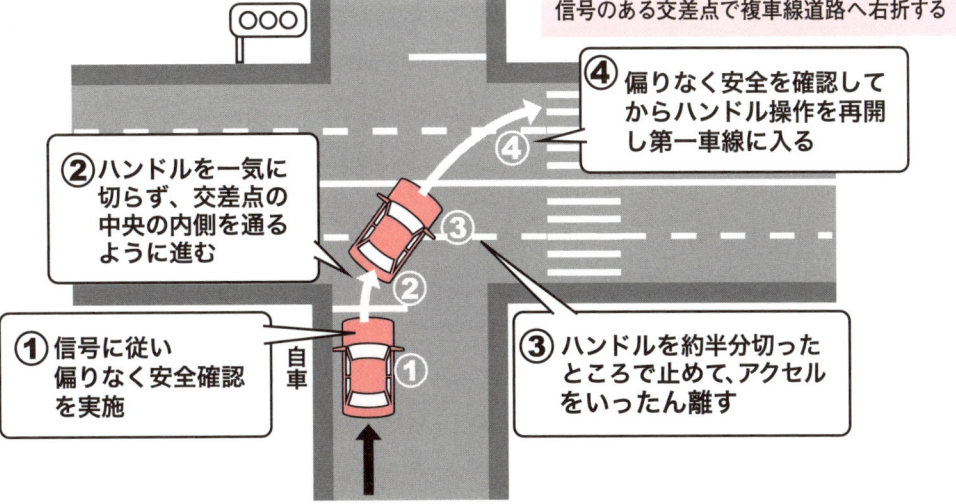

バランスのよい安全確認を

バランスのよい安全確認とは、一点に集中しないということです。

右折中に横断歩道への注意はある程度しているものですが、P.21の上の図のように、右折中には右方から横断する歩行者や自転車に意識が集中してしまうと高いリスクを伴います。実際には横断歩道の左右双方からの進入がありえますが、片方のリスクにしか対応していない状態です。

このようなアンバランスな安全確認になってしまうのは、注意すべきことをいっぺんにやらなければならない右折の仕方をしてしまっているためと考えられます。

右折前に横断歩道付近をよく安全確認し、右折中も視野を一定に維持しながら、ゆっくりと「回るような右折」をしていれば、どちらかに偏った、あるいは集中した安全確認をすることを防げます。

安全運転習慣として実践すること

①ショートカットではなく回るような右折

②正しい運転姿勢の維持

③速度変化の小さい「定」速運転

トピックス 　　**自転車事故の原因と対策**

●自転車をめぐる環境の変化

地球温暖化防止・省エネ意識の向上、東日本大震災後の交通の混乱などを背景に、通勤をはじめとした自転車利用の増加が報じられました。交通事故は全体として減少しているものの、2割を占める自転車関連事故はなかなか減少していません。

本来「指定場所を除き、自転車は車道を走る」のがルールであり、警察庁は自転車と歩行者の分離を推進しています。一方で高速走行可能なスポーツタイプの自転車の普及が進んでいることなどから、交通事故防止のため、ドライバーは車道での自転車走行の増加、走行速度の高速化を十分意識しておかなければなりません。

●自転車事故の場面と原因

自転車と車両(自動車や二輪車)による死傷事故の場面は「出合い頭」が過半数を占め、「右折時」「左折時」と合わせると、交差点での事故が約8割を占め(図)、原因からみると、自転車の側に安全運転義務違反(携帯電話の使用などを含む)や交差点安全進行義務違反、信号無視などの法令違反があるケースが7割近くなっています。

また、死亡事故については、「直進中の追突事故」が他のケースより著しく危険が高いという統計があります。

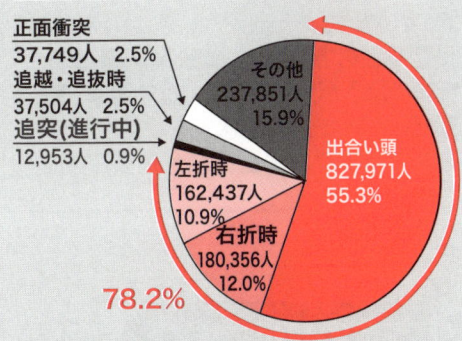

自転車運転者の事故類型別死傷者数(車両相互事故)
(出典:公益財団法人交通事故総合分析センター「イタルダ・インフォメーション No.88 走行中自転車への追突事故」を基に作成、東京海上日動火災保険(株)「安全運転ほっとNEWS」2012年7月号「自転車に気をつけよう」より抜粋)

●自転車は危険→危険は回避

以上のことから、ドライバーは「自転車は危険」という認識を持つこと、そして特に交差点付近や進路前方を進行中の自転車の挙動に十分注意することが必要です。

そして、安全のために大切なことは「危険を認知したら回避する」習慣づけです。

運転中に自転車に接近したら「どかす」「一気に加速して追い越す」という運転がよく見受けられますが、自ら危険を招かないよう「防衛運転」(他の人の運転・行動がいかに不適切でも事故の発生を防止できる運転法)で事故を防ぎましょう。交差点の自転車・前方の自転車に対する留意点は以下のとおりです。

◎交差点では……　自転車を追い越さない、手前で左右を確認、加速進入しない
◎前方に自転車　　①まず減速する
　がいたら………　②(追い越すときは)一気に加速せずいったん自転車の視界に入り、
　　　　　　　　　　自転車の動きを見極めてから追い越す【二段階の追い越し】

頻出事故パターンと対策 ❼

【左折事故】
左寄せと二段階左折

 「スパイラル状態の左折」

 **事故発生状況**

　二輪車や自転車との接触事故では、右折時13％に対して、左折時は20％と多くなっています。
　固定物との接触など単独車両事故も左折時のほうが大幅に多く、対二輪車・自転車・固定物に十分注意するなど左折する交差点手前での安全行動が重要です。

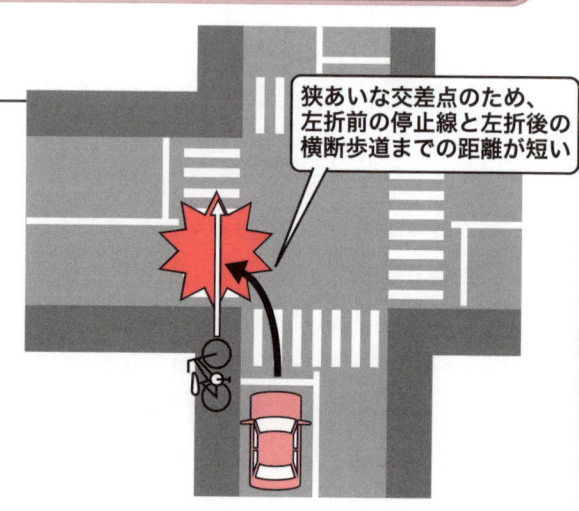

狭あいな交差点のため、左折前の停止線と左折後の横断歩道までの距離が短い

事故の頻出ポイント　「スパイラル状態の左折」

　交差点進入時に速度が残って勢いがついていると安全確認がついていけず遅れます。減速が十分ではないため、軌跡が大回り気味になります。大回り左折は死角が大きく、見落としや安全確認の遅れが生じます。このように不安全状態が連鎖的に発生する状況は、危険のスパイラル（負の連鎖）状態の左折と言えます。
　曲がり始めてからの安全確認では巻き込み事故を防止できません。このような操作先行は、安全確認が「不十分」なのではなく、「していない」のと同じ、と言えます。

 **とるべき安全行動**　左寄せと二段階左折

　左折時における操作先行を防ぐためには「曲がれる速さの減速」ではなく「安全確認のための減速」をしなければいけません。そのためには「左寄せ」により交差点に進入する前にスピードを落としきって、左折時は「二段階左折」をすることが必要です。
　まず、事前の減速を確実に行うために「左寄せ」を行います。寄せるためには左後方（巻き込み）確認のうえ減速する必要があるため、結果として進入前に減速できます。そして、左折時は横断歩道手前（あるいはハンドルを左へ半分程度切った時点）で一旦停止して、再び確認をしたうえで左折を完了する「二段階左折」を行います。一旦停止をすることで横断歩道付近の確認ができるだけでなく、交差点進入時の速度が抑えられる効果もあります。

 ## ここが危ない　スパイラル状態の左折

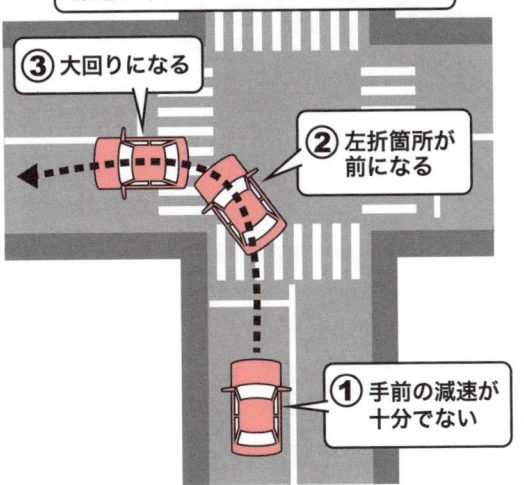

減速が十分でない場合の左折の危険
- ③ 大回りになる
- ② 左折箇所が前になる
- ① 手前の減速が十分でない

「曲がれる速さ」程度にしか減速せず、速度を残して交差点に進入することにより、不安全状態が連鎖的に発生しています。

○ こうして防ぐ　左寄せと二段階左折

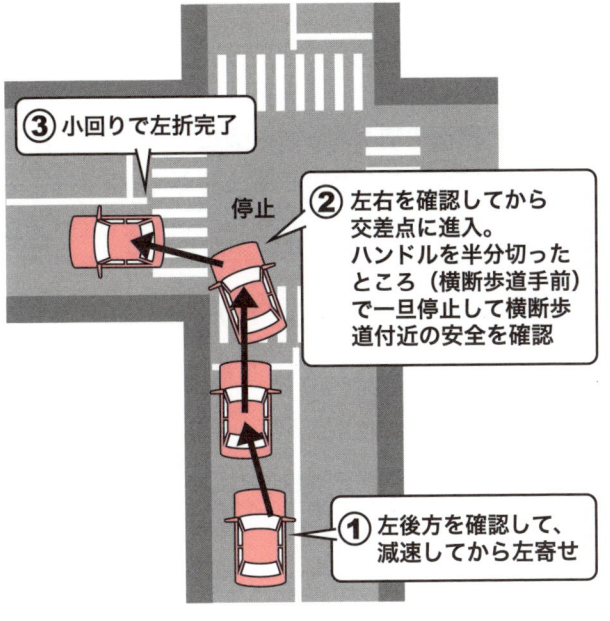

- ③ 小回りで左折完了
- ② 左右を確認してから交差点に進入。ハンドルを半分切ったところ（横断歩道手前）で一旦停止して横断歩道付近の安全を確認
- ① 左後方を確認して、減速してから左寄せ

危険のスパイラル状態を断ち切るには、「安全確認のための減速」をして広い視野で安全確認を行うことが重要。そのため有効なのが「安全確認のための減速」「左寄せ」「二段階左折」の習慣化です。

安全運転習慣として実践すること

① 左寄せと二段階左折
② 正しい運転姿勢の維持
③ 速度変化の小さい「定」速運転

頻出事故パターンと安全運転のポイント　第1章　第2章　第3章　第4章

25

頻出事故パターンと対策 ❽

【進路変更】
操作先行を防ぐ合図のタイミング

 予測不足・ジレンマ・強引

事故発生状況

　これまで見てきたように、頻出事故の多くは右折、左折、バックのように大きくハンドルを切る場面で起きています。しかし、それらほどハンドルを切らない進路変更についても、安全確認が不十分になりやすい点では共通です。

　交差点付近、合流点、追い越しなど、運転のあらゆる場面で行われるため、①〜⑦のような運転場面ごとの統計では大きな割合を占めませんが全体として事故は多く、進路変更時には十分注意が必要です。

 事故の頻出ポイント　予測不足・ジレンマ・強引

　進路変更での事故発生には3つの箇所があります。交差点手前、進路変更禁止ゾーン手前、合流地点手前など「ここで進路変更しないと間に合わない」という所であわてて進路変更するドライバーは多く〔予測不足〕、こうした場面では「確認不十分なまま進路変更」という操作先行となりやすくなります。

　またこの場面で、進路変更したい車線の後方から他車が減速せずに迫っており、「行こうか、待とうか」と迷うことがあります〔ジレンマ〕。このとき無理をして割り込んでしまうと、安全確認不十分な状態で高いリスクを自らつくり出してしまうことになります〔強引〕。

SAFE　とるべき安全行動　操作先行を防ぐ合図のタイミング

　進路変更は余裕を持って行うことが原則で、そうしないと交通全体の状況に対する予測不足からジレンマが生じ、強引運転につながってしまいます。

　心掛けとしては、予測不足による危険を避けるため、交差点、合流点などでは走行レーンが間違っていないか確認し、進路変更ではあわてず「待つ」ことです。そしてジレンマに陥ったときの強引運転はリスクテイクであることを強く意識しましょう。

　操作上の注意は、安全確認を最初に行うことです。多くのドライバーは、合図を出してから後方を確認し、視線を前方に戻すと同時に進路変更を始めますが、これは前方の安全確認をせずに運転操作を先行しています。

　「合図の前に安全確認」という安全運転習慣を身につけましょう。

ここが危ない　予測不足・ジレンマ・強引

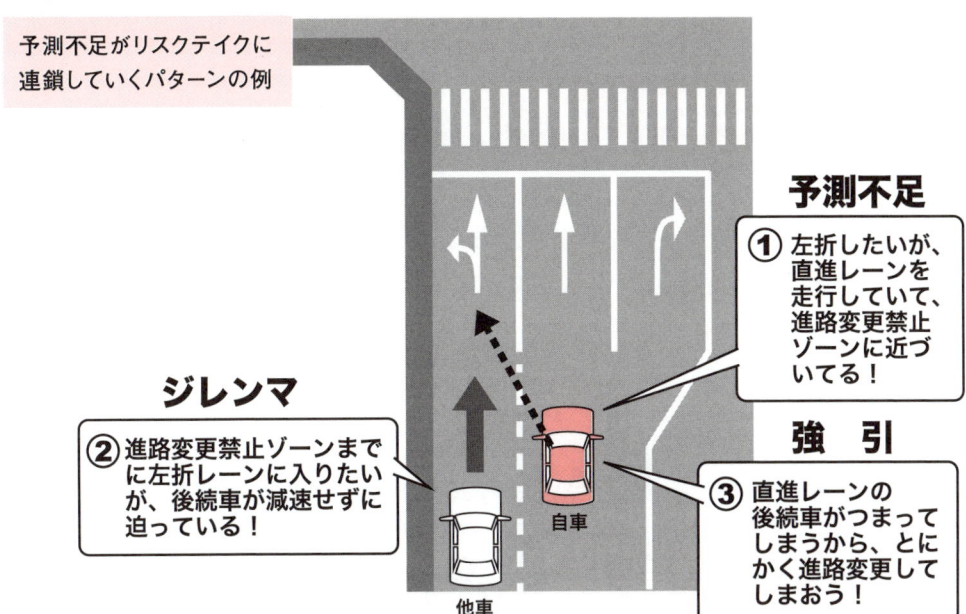

予測不足がリスクテイクに連鎖していくパターンの例

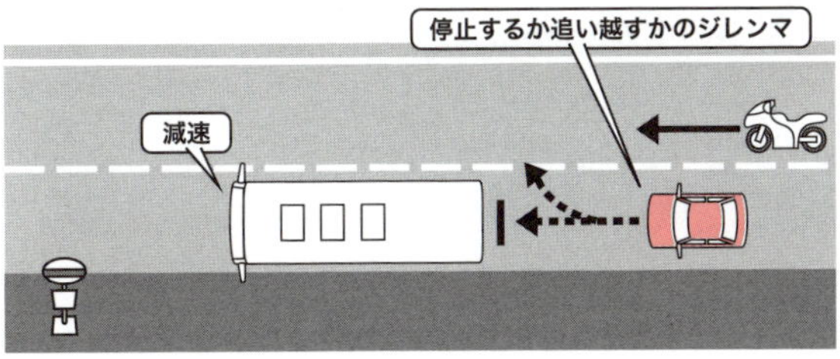

予測不足
① 左折したいが、直進レーンを走行していて、進路変更禁止ゾーンに近づいてる！

ジレンマ
② 進路変更禁止ゾーンまでに左折レーンに入りたいが、後続車が減速せずに迫っている！

強引
③ 直進レーンの後続車がつまってしまうから、とにかく進路変更してしまおう！

前車の減速がジレンマを引き起こすパターンの例

自車前方のバスが減速し、右後方からバイクが来ている状況。停止するか、加速してバスを追い越すかのジレンマに陥ったら「リスクはブレーキで避ける」（ここでは進路変更せず止まること）と心掛けること！

◯ こうして防ぐ　操作先行を防ぐ合図のタイミング

　進路変更時、進路を確保するため真っ先に合図を出してしまいがちですが、安全確認→合図→操作という手順を徹底することが大切です。

　周囲のドライバーへの情報発信という意味では、早めの合図は大切です。そのため、「合図を遅らせる」のではなく「安全確認を早めに」と心掛けましょう。そして、正しい運転姿勢で視野を広くし、ジレンマに陥ったときこそ、急加速で対処しようとせず、速度変化の小さい「定」速運転を維持することが重要です。

安全運転習慣として実践すること

①操作先行を防ぐ合図のタイミング
②正しい運転姿勢の維持
③速度変化の小さい「定」速運転

第3章
ドライバーのリスク要因

① 「ながら運転」／居眠り運転

●「ながら運転」

　交通安全白書（24年版）によると「ながら運転」（漫然運転、脇見運転）が原因の交通死亡事故は全体の約31％を占めており、交通事故の主要原因といえます。
　典型的な事故例は以下のとおりです。

①携帯電話に気をとられていた
②カーナビを注視していた
③景色や看板などを眺めていた
④助手席やダッシュボードの物が落ち、探したり拾おうとしていた

　交差点などさまざまな安全確認や運転操作を連続して行わなければならない場面では、一瞬の"ながら"が重大な結果を招きます。これらを防ぐには、車内を整理・整頓し、携帯電話など運転から注意がそれる原因となるものを運転席・助手席付近に置かないようにすること、カーナビを注視しないで済むよう、運転前に十分経路を調べておく心掛けが大切です。
　なお、ハンズフリー通話は必ずしも交通違反ではありませんが、手持ち通話の場合と事故発生率はさほど変わらないという研究結果もあるため、交通事故防止のためには手持ち通話と同様に避けましょう。

●居眠り運転

　居眠り運転の原因は「体調」「薬物」「病気（ＳＡＳ：睡眠時無呼吸症候群など）」の3つに分けられます。
　薬物、病気については運転業務に就く前に医師等に指示を仰ぎ、会社にあらかじめ伝え、適切な対応を求めることが何より重要です。疲労が蓄積していると、たとえ眠気を自覚していて居眠りを防ごうと意識しても、防げないことがあります。そのまま運転を続けることは危険であり、例えば
　①眠気を感じたら窓を開けて外気を入れる
　②なお眠気があれば車を止めて車の周りを一周回る
　③それでも眠気が覚めなければ迷わず30分休憩
のように、眠気を自覚したときにとる行動を決めておきましょう。
　缶コーヒー、ガム、おしぼりなど「眠気覚まし」を車内に用意するドライバーは多いですが、疲労を紛らわせて無理して運転を続けることにつながらないよう、注意する必要があります。

②「急ぎ・焦り運転」

●急ぎ・焦りの3パターン

　企業のドライバーが事故原因として最も多く指摘するのが「急ぎ・焦り運転」です。「急ぎ・焦り運転」は、それを引き起こす運転環境によって「慢性」「急性」「パニック」の3タイプに分けられます。自分の運転環境や性格から当てはまりやすいタイプを考え、日ごろから運転業務のリスクと対応法について管理者の方と一緒に確認しておくことが大切です。

①慢性タイプ

特徴
　営業などで1日の訪問先が多く、行程を円滑に進めるため、業務の開始から終了まで続く、日常的な「急ぎ・焦り運転」。

危険性
　安全のためには、「正しい運転姿勢の維持」「速度変化の小さい「定」速運転」で交通環境全体に注意を向けることが大切です。これを"面で追う運転"というなら、慢性的に急ぎ運転を続けて速度が上がり、注意が前車に集中した状態は"点で追う運転"です。点で追う運転では、たまたま目に入った危険のみが認識され周囲の危険に気づかないというハイリスクな状態になります。

対策
　下表は一定区間を制限速度で走行した場合と、10km/h抑えて走行した場合の所要時間と信号停止回数を検証した実験結果で、1時間近い走行に対して2分半ほどの短縮効果しかないことが分かります。
　さらに、このケースでは速度が速いほうが信号停止回数は6回も多くなっており、こうしたことがあることも踏まえれば、慢性タイプの急ぎ運転をするドライバーは、急ぎ運転は危険であるわりに、それほど時間短縮効果もないことを理解することが大切です。

条件	●走行区間：東京・大手町〜神奈川・鶴見間の22km ●走行速度：車Aは制限速度走行、車Bは制限速度より10km/h抑えた走行 ※詳細な設定条件は省略

車両	走行時間	信号停止回数
A	49分 55秒	27回
B	52分 20秒	21回
A-B	－2分 25秒	6回

②急性タイプ

特 徴　普段は普通に運転しているが、営業中に得意先からの急な呼び出しがあった場合など、現状の速度やペースでは間に合わない状況になったときに行ってしまう「急ぎ・焦り運転」。

危険性　急性タイプの「急ぎ・焦り運転」では、危険の程度は慢性タイプよりも著しい可能性が高く、短時間・短距離とはいえ、危険な"点を追う運転"が行われることになります。

対 策　急ぎの用件では、得意先にはついついできる限り早い到着時間を告げてしまいがちで、この結果、「急ぎ・焦り運転」でドライバーが孤軍奮闘することになります。このときに会社や上司に状況を伝えて情報共有し、会社から得意先に理解を求める電話を入れてもらうことができれば、ドライバーは安心して無理のない運転ができます。
　急ぎの用件を受けた場合、すぐに対応を開始することは約束しても、急ぎ運転でなければ間に合わないような時間で到着するということは決して約束しないこと。急用の発生時点で会社・上司に伝える習慣を徹底することが大切です。

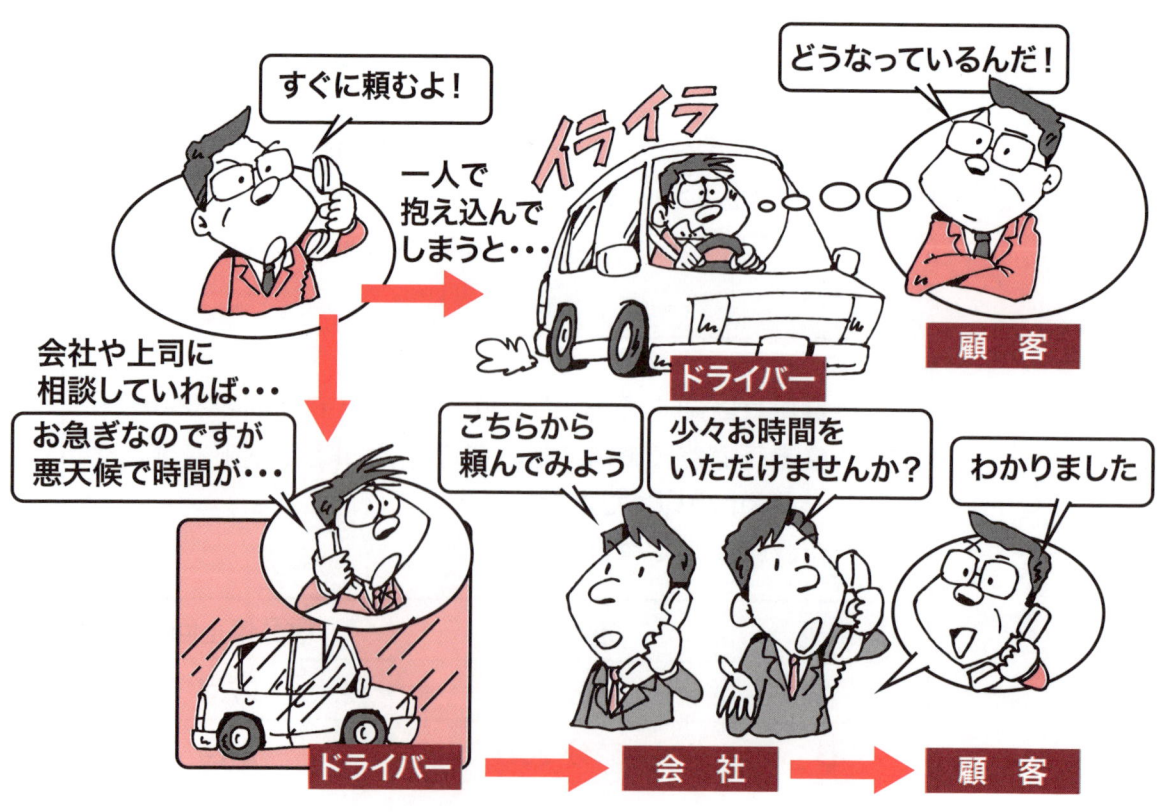

③パニックタイプ

特徴　道を間違えるなどドライバー自身がミスをし、遅れを挽回しようとして起こる、急性タイプに近い「急ぎ・焦り運転」。

危険性　原因が自分のミスという負い目から、急ぎ運転の度合いがいっそう激しいものとなる危険があります。

対策　ミスをしてしまった時点で会社・上司に報告し、協力と理解を求めることが必要です。しかし実際にはこうしたことができず、自分だけで問題を抱え込み、最後まで無理して頑張ってしまいがちですが、これは自ら事故の危険を高めるリスクテイク（あえて危険を冒す行為）に他なりません。

事前に会社・上司とドライバーでこういった場面での対応について話し合っておき、ドライバーのミスにとどめないチームプレー・組織プレーを徹底することが重要です。

③ 新入社員の事故

●新入社員の留意点

新入社員の交通事故の発生パターンとしては、駐車場・構内の敷地内や出入り口付近での事故が多い傾向があります。こうしたことがあると、新入社員の交通事故は車両感覚などの運転技能不足が原因であると考えられがちです。

しかし事故の実態を見ると、図のように配属当初よりもむしろ配属後2〜3カ月あたりから増えています。

これは、配属当初は緊張感による慎重な運転態度が未熟な技能をカバーして事故が抑えられていたためであり、一定期間を経て慣れが生じることで慎重さのレベルが低下すると、事故につながりやすくなっている、と考えられます。

新入社員はこの点を踏まえ、業務に慣れてきても慎重な運転態度を保つように心掛けるとともに、第2章に述べた10の安全運転習慣（安全運転習慣の基礎①〜②、頻出事故パターンと対策①〜⑧）が身につくよう、継続して取り組んでいくことが大切です。

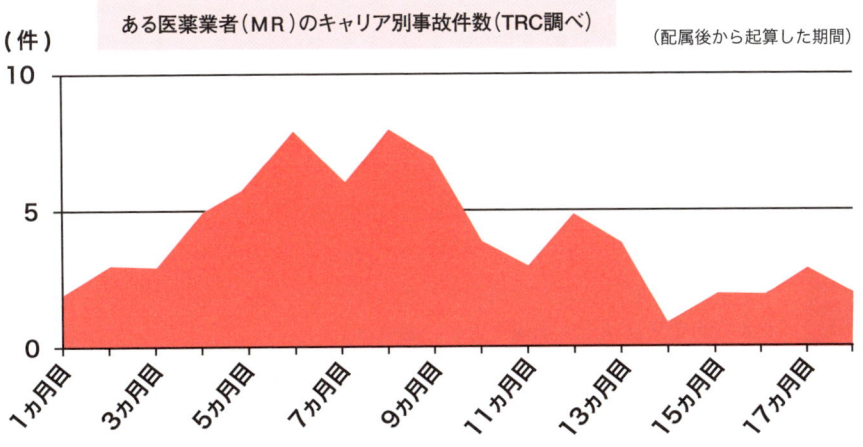

ある医薬業者（MR）のキャリア別事故件数（TRC調べ）　（配属後から起算した期間）

第4章
セルフチェックでセルフケア

①運転適性どのタイプ？

YES → / NO →

```
車をよく運転する → ふと気づくとスピードが出ている → 面倒なのであまりギアチェンジしない → 同乗者がいるほうが運転がうまくいく
↓                  ↓                              ↓                                   ↓
横断歩道を渡ろう    信号で他車と並ぶと            長時間路上駐車を                    交通量が少ないと
とする歩行者には    前に出たくなる                することがある                      ウィンカーを
進路を譲る                                                                            出さないことがある
↓                  ↓                              ↓                                   ↓
カーブでは          割り込みが                    人から運転が                        車線が合流するとき
十分減速して曲がる  いやなので                    強引だといわれる                    なかなかうまく
                    車間を詰める                                                      入れない
↓                  ↓                              ↓                                   ↓
他車に追い越される  他車より先行できる            横断歩道を                          運転しているとき
とイライラする      と気分がいい                  渡っている人を                      いつも事故の
                                                  じゃまと感じる                      不安を感じる
↓                  ↓                              ↓                                   ↓
1                  2                              3                                  4
```

1	**慎重型ドライバー**	決して無理な運転はしないタイプ。周囲の歩行者や他車を意識し、追い越されるときには減速するなど、周囲にやさしい運転ができる。
2	**攻撃型ドライバー**	信号待ちではイライラ、追い越され・割り込まれでカッとなるタイプ。自分の優先権を主張し、減速すべき場面でアクセルを踏み込んでしまう危険が！ 自分から譲るほうが運転は快適、という気持ちを持つことが必要。
3	**自己中心型ドライバー**	周囲の流れを無視して自分勝手な運転をするタイプ。他車や自転車、歩行者に配慮できず、狭い道でもスピードを出すなどの危険が！ 自分の行動が周囲に迷惑を掛けていないかを振り返る。
4	**緊張型ドライバー**	緊張しすぎて運転に必要な情報を処理しきれなかったり、細かなことに気をとられすぎて全体的な交通状況を把握できない危険が！ 肩の力を抜いてリラックスした運転を心掛ける。

※このチェックはおおよその傾向を把握するために本書で独自に作成したものです。会社等で運転適性検査を行っている場合は、その結果を十分に受け止めて心掛けましょう。

② 疲れをためていませんか?

疲労がたまっていると、運転中に集中力を欠いたり、居眠り運転を引き起こしたりするなどの危険があります。
「疲労蓄積度自己診断チェックリスト」で最近の疲れの状況をチェックして、個人でできることは自分自身で解消に努め、できないことは会社に相談して業務の見直しなどにつなげましょう。

記入年月日_____年___月___日

1. 最近1か月間の自覚症状について、各質問に対し最も当てはまる項目の□に✓をつけてください。

1. イライラする	□ほとんどない (0)	□時々ある (1)	□よくある (3)
2. 不安だ	□ほとんどない (0)	□時々ある (1)	□よくある (3)
3. 落ち着かない	□ほとんどない (0)	□時々ある (1)	□よくある (3)
4. ゆううつだ	□ほとんどない (0)	□時々ある (1)	□よくある (3)
5. よく眠れない	□ほとんどない (0)	□時々ある (1)	□よくある (3)
6. 体の調子が悪い	□ほとんどない (0)	□時々ある (1)	□よくある (3)
7. 物事に集中できない	□ほとんどない (0)	□時々ある (1)	□よくある (3)
8. することに間違いが多い	□ほとんどない (0)	□時々ある (1)	□よくある (3)
9. 仕事中、強い眠気に襲われる	□ほとんどない (0)	□時々ある (1)	□よくある (3)
10. やる気が出ない	□ほとんどない (0)	□時々ある (1)	□よくある (3)
11. へとへとだ(運動後を除く)	□ほとんどない (0)	□時々ある (1)	□よくある (3)
12. 朝、起きた時、ぐったりした疲れを感じる	□ほとんどない (0)	□時々ある (1)	□よくある (3)
13. 以前とくらべて、疲れやすい	□ほとんどない (0)	□時々ある (1)	□よくある (3)

〈自覚症状の評価〉各々の答えの( )内の数字を全て加算してください。 合計____点

I	0～4点	II	5～10点	III	11～20点	IV	21点以上

2. 最近1か月間の勤務状況について、各質問に対し最も当てはまる項目の□に✓を付けてください。

1. 1か月の時間外労働	□ない又は適当(0)	□多い(1)	□非常に多い(3)
2. 不規則な勤務(予定の変更、突然の仕事)	□少ない(0)	□多い(1)	―
3. 出張に伴う負担(頻度・時間・時差など)	□ない又は小さい(0)	□大きい(1)	―
4. 深夜勤務に伴う負担(★1)	□ない又は小さい(0)	□大きい(1)	□非常に大きい(3)
5. 休憩・仮眠の時間数及び施設	□適切である(0)	□不適切である(1)	―
6. 仕事についての精神的負担	□小さい(0)	□大きい(1)	□非常に大きい(3)
7. 仕事についての身体的負担(★2)	□小さい(0)	□大きい(1)	□非常に大きい(3)

★1:深夜勤務の頻度や時間数などから総合的に判断して下さい。深夜勤務は、深夜時間帯(午後10時-午前5時)の一部または全部を含む勤務を言います。
★2:肉体的作業や寒冷・暑熱作業などの身体的な面での負担。

〈勤務の状況の評価〉各々の答えの( )内の数字を全て加算してください。 合計____点

A	0点	B	1～2点	C	3～5点	D	6点以上

※ このチェックリストは疲労の蓄積を自覚症状と仕事の側面から評価し、その負担度を見ています。

3. 総合判定 次の表を用い、自覚症状、勤務の状況の評価から、あなたの仕事による負担度の点数(0～7)を求めてください。

【仕事による負担度点数表】　➡ あなたの仕事による負担度の点数は：____点(0～7)

		勤務の状況			
		A	B	C	D
自覚症状	I	0	0	2	4
	II	0	1	3	5
	III	0	2	4	6
	IV	1	3	5	7

判定	点数	仕事による負担度
	0～1	低いと考えられる
	2～3	やや高いと考えられる
	4～5	高いと考えられる
	6～7	非常に高いと考えられる

※ 糖尿病や高血圧症等の疾病がある場合は判定が正しく行われない可能性があります。

(資料出所:厚生労働省/労働基準局安全衛生部労働衛生課)

③ SASのセルフチェック

●SASとは

　睡眠時無呼吸症候群（SAS）は、居眠り運転を引き起こす原因の一つとして注意すべき疾患で、睡眠中に断続的に無呼吸状態となることでまとまった睡眠がとれず、その結果、日中に強い眠気に襲われる一種の睡眠障害です。

　SASであることに気づかず、睡眠不足の自覚がないままで運転を行うと、運転中に突然眠気に襲われて事故を引き起こす恐れがあります。

●セルフチェック

　「エプワース眠気尺度」では、SASの可能性を簡単に判断できます。"SASの疑いあり"の判定が出た場合は専門医の診察を受けましょう。

エプワース眠気尺度

点数表
- 0点：眠ってしまうことは絶対にない
- 1点：ときどき居眠りする
- 2点：居眠りをすることがよくある
- 3点：だいたいいつも居眠りする

質問項目	点数
① 座って読書をしているとき	点
② テレビを見ているとき	点
③ 映画や会議など公共の場所で、ただ座っているとき	点
④ 休憩を取らずに1時間くらい車に同乗しているとき	点
⑤ 午後に休憩を取るために横になっているとき	点
⑥ 座って人と話しているとき	点
⑦ 昼食（アルコールなし）の後に、静かに座っているとき	点
⑧ 車を運転中、渋滞などで数分間止まっているとき	点
合計	点

診断結果　11点以上：ややSASの疑いがある　　16点以上：SASの疑いがかなり強い

④ 疲れたときのセルフケア

●運転席でストレッチ

運転中に疲れを感じたら、車を止めて休憩できるところで体をほぐしましょう。座ったままでも簡単に疲労解消できます。眠気を感じたときなどは気分転換を兼ねて車外で体の曲げ伸ばしをすることも有効です。

頸（くび）
くびをゆっくり横に曲げたり、回したりする

肩・体側
頭の後ろで肘を持ち、軽く引っ張る

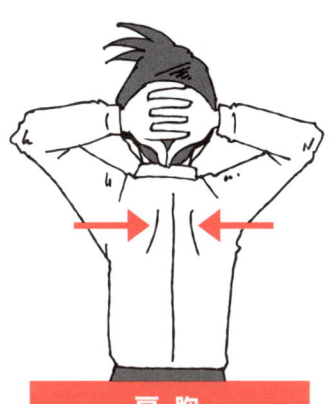
肩・胸
頭の後ろで指を組み、左右の肩甲骨を引き寄せる

肩
背筋を伸ばし、手のひらで天井を押し上げるように伸ばす

背中・肩
お腹を引っ込め、組んだ手のひらを前に向けて腕を伸ばす

腰
腰の後ろを両手で押し息を吐きながら体を反らす

●目は安全の要

絶え間ない状況把握、日中の直射日光、夜間の対向車のライトなど運転は目に大きな負担をかけます。

目の疲れは危険認知の大敵です。

こまめな解消を心掛けましょう

目を数秒間ギュッと閉じたり、上下左右に動かす

眉間の少し内側、目の上の骨のへこんだところを親指の腹で押す

こめかみの、押すと痛みを感じる部分を円を描くように押す

第1章 セルフチェックでセルフケア

第2章

第3章

第4章

トピックス　　　**シニアドライバーの事故を防ぐ**

●シニアドライバーの増加と事故

　警察庁の統計によると、交通事故全体の件数は年々減少しているものの、シニアドライバー（６５歳以上）の増加に伴い、シニアドライバーによる交通事故の件数はここ１０年間で約３０％も増加しています。

　また右のグラフで分かるように、年代別に交通事故の型を見ると、高年齢になるに従い「信号のない交差点での直進時や右折時の事故」や「駐車場・構内でのバック事故」の割合が増加していることが分かります。

　これらの交通環境の共通点は連続してさまざまな安全確認や運転操作を行わなければならない場面であることで、誰でもミスやエラーを起こしやすい状況ですが、シニア層ではその傾向がいっそう強くなるためとみられます。

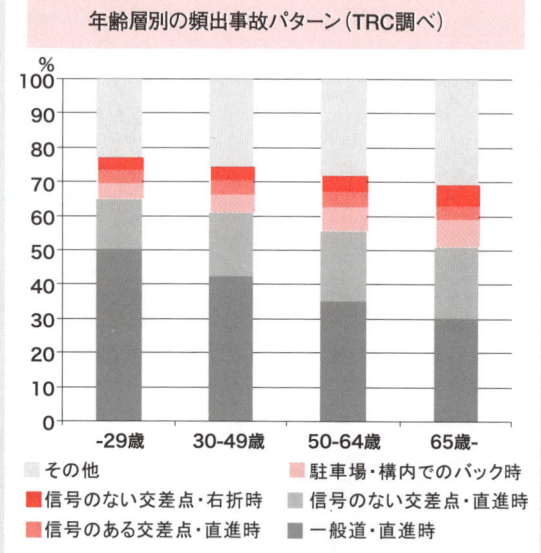

●シニアのための10の習慣

　シニアドライバーは運転に習熟したベテランドライバーですが、長年の「慣れ」によって基本的な安全確認や運転操作がおろそかになっている可能性があります。このことによる危険を回避するため、シニアドライバーも改めて基本に立ち返り、下記の10項目にまとめた基本的な習慣を心掛けましょう。

◎両肩をシートにつける・・・・・・・・・・・・・・・・・・・・・・（→正しい運転姿勢の維持P.8）
◎走行中は２００ｍに1回ミラーを確認する・・・・・・・・（→正しい運転姿勢の維持P.8）
◎走行中は定速運転を行う・・・・・・・・・・・・・・・・・・・・（→速度変化の小さい「定」速運転P.9）
◎停止時はサイドブレーキを引く・・・・・・・・・・・・・・・（→サイドブレーキの活用P.14）
◎自車が非優先時の信号のない交差点進入で
　二段階停止を行う・・・・・・・・・・・・・・・・・・・・・・・・・（→二段階停止と安全確認P.16）
◎自車が優先時の信号のない交差点進入・通過時は
　アクセルを離した状態にする・・・・・・・・・・・・・・・・（→アクセルから足を離すことP.18）
◎駐車場・構内バック時はバックギアを入れる前に
　周囲を指差し確認・・・・・・・・・・・・・・・・・・・・・・・・・（→バックギアを入れる前の指差し確認P.10）
◎右折時は「回るような右折」を行う・・・・・・・・・・・・（→ショートカットではなく回るような右折P.20）
◎左折時は二段階左折を行う・・・・・・・・・・・・・・・・・（→左寄せと二段階左折P.24）
◎運転終了時はシートを一番後ろまで下げる・・・・・・（→正しい運転姿勢の維持P.8）